动物近距离观察手记 手绘版

动物解密

〔比〕蕾妮·哈伊尔/绘著　李小彤等/译

CHISO 青少社 新疆青少年出版社

图书在版编目（CIP）数据

动物近距离观察手记：手绘版.动物解密/（比）蕾妮·哈伊尔绘著.--乌鲁木齐：新疆青少年出版社.2020.10（2021.1 重印）
ISBN 978-7-5590-6718-0

Ⅰ.①动… Ⅱ.①蕾… Ⅲ.①动物—少儿读物 Ⅳ.①Q95-49

中国版本图书馆 CIP 数据核字 (2020) 第 190427 号

图字：09-2020-007 号

动物近距离观察手记

动物解密（手绘版）

（比）蕾妮·哈伊尔/绘著　李小彤等/译

出 版 人：徐　江	策　　划：许国萍	责任编辑：贺艳华
美术编辑：查　璇	封面设计：张春艳	责任校对：杨　斌
科学审校：王安梦	法律顾问：王冠华 18699089007	

出版发行：新疆青少年出版社	地　　址：乌鲁木齐市北京北路29号（邮编：830012）
经　　销：全国新华书店	印　　制：北京联合互通彩色印刷有限公司

开　　本：710mm×1000mm　1/16	印　　张：9	
版　　次：2020年10月第1版	印　　次：2021年1月第2次印刷	
字　　数：80千字	印　　数：13 148-16 147	
书　　号：ISBN 978-7-5590-6718-0	定　　价：35.00元	

前　言

"以自然之道，养万物之生。"这是中国古人的智慧，也是人类对未来的美好寄语。

人与自然是命运共同体，只有顺应大自然的客观规律，人类才能获得身心健康与和谐发展。

比利时画家蕾妮·哈伊尔前后历时二十多年创作的这套自然科普绘本，为这美好的未来做了一个扎实的铺垫。

她常年生活在山林，与动物为伴，收集了丰富的创作素材；她兼具高超的画技和故事创作能力，以自己的眼和手真实还原大自然，创作出这套充满艺术感的"动物观察手记"。从书中可以看出，她除了具有科学家细致入微的洞察力、逻辑思维能力和严谨的态度，还具有教育工作者耐心引导孩子思考、学习的能力以及深刻的人文情怀。为了便于小读者更直观地对自然进行观察，她在书中设计了场景式拉页，把一座森林里的动植物，或是天上、地下、水中的动物，或是动物的出生、成长等过程，都集中起来展示；为了便于小读者更投入地参与阅读，她巧妙地安排了互动游戏般的画面，可以让小读者通过图案、符号等自己去寻找问题的答案。

这些特质使她创作的内容焕发出持久的魅力，她的作品也因此入选荷兰皇家图书馆馆藏书目，获得诸多荣誉！

建设万物和谐的美丽世界，就从认识我们的动物朋友，探索丰富多彩的自然世界开始！

编者

目录

各种各样的蛋

李小彤　陈飞宇 / 译

这只小鸟刚从圆圆的蛋里孵出来。
你知道蛋究竟是什么吗?

蛋就像动物宝宝们出生前住的小房子，为动物宝宝们提供
发育的空间。

 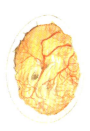   

蛋可以提供充分的食物和保护。不过，在大自然中，蛋不仅要面对雨雪、酷热的天气和霉菌的危害，还有可能被贪吃的捕食者吃掉。

所有的鸟都是从蛋里孵出来的。

苇莺

仓鸮

鲣鸟

红喉潜鸟

纹颊企鹅

灰山鹑

白鹳

丘鹬

兀鹫

毛脚燕　　　　　　　　鸭子　　　　　　　　非洲鸵鸟

斑尾林鸽　　　　　　　翠鸟　　　　　　　　布谷鸟

金雕　　　　　　　　　蜂鸟　　　　　　　　鸸鹋

地球上生活着几千种鸟类。

7

不同的鸟，下的蛋也不一样。不过，有些鸟蛋却看起来很像。

下面的鸟蛋，从小到大分别来自：

1.蜂鸟　　　4.白鹳

2.鹦鹉　　　5.疣鼻天鹅

3.画眉　　　6.鸵鸟

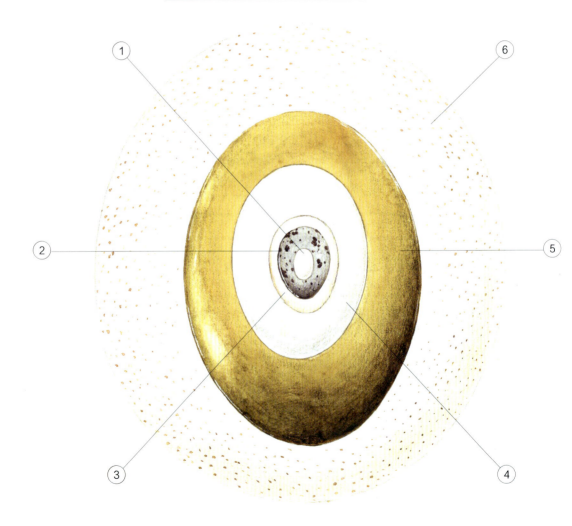

黑喉潜鸟

林柳莺

戴菊

崖海鸥

草地鹨

鹌鹑

翠鸟

寒鸦

大鸨

矛隼

灰林鸮

新疆歌鸲

世界上最小的蛋是蜂鸟蛋。

最大的蛋呢？
鸵鸟蛋。

11

不同种类的鸟蛋外观不同，从蛋里孵出来的鸟宝宝也不一样。出生后，一些幼鸟（离巢雏）不久就离开家，独自去寻找食物；而有的幼鸟（留巢雏）则会留在家里，等着爸爸妈妈来照顾。

鹊鸭

琵嘴鸭

普通秧鸡

环颈雉

鸻

疣鼻天鹅

12

云雀

水鸡

流苏鹬

13

除了鸟儿，还有哪些动物也会下蛋呢？

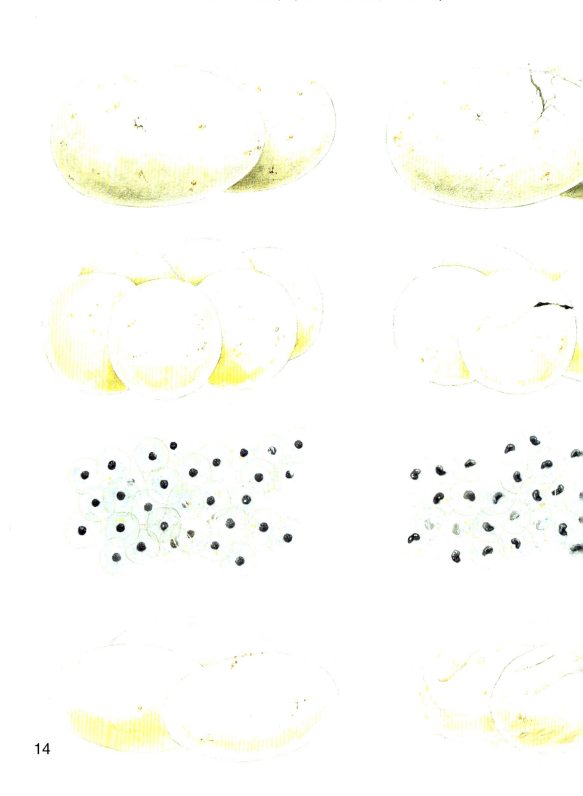

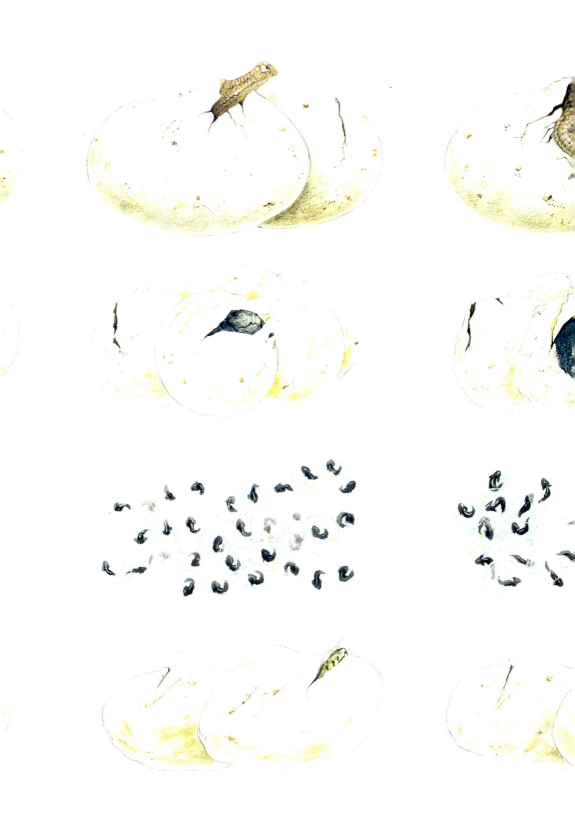

鳄鱼

海龟

蝌蚪（青蛙）

蛇

没有硬壳的蛋，也被称作卵。

许多海洋动物就是从卵里面孵出来的，例如鱼、海星、蠕虫和贝类。

猜一猜，这都是哪些动物的卵呢？

角鲨

章鱼

乌贼

虾

"我是鲸宝宝，和海里的大多数朋友不一样，我是哺乳动物。我是从妈妈肚子里直接生出来的。"

咦，叶子上的这些卵是谁的呀？

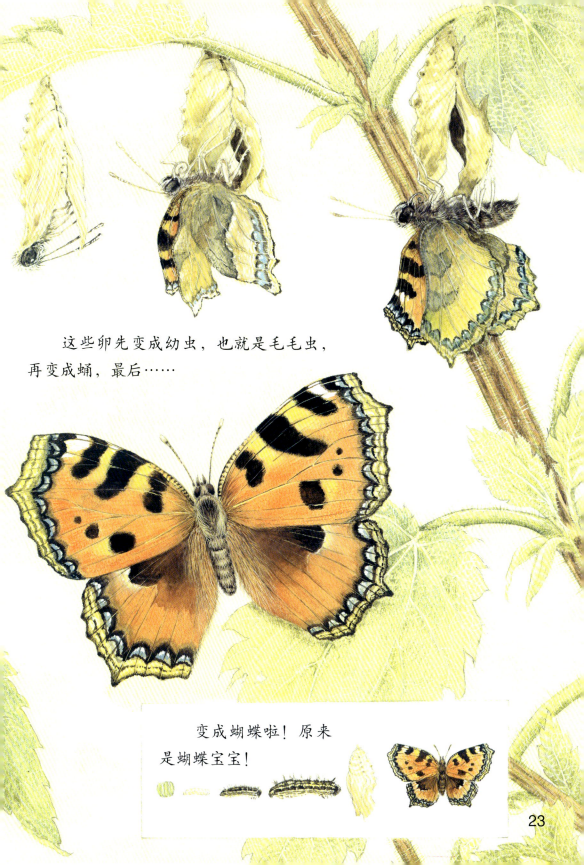

这些卵先变成幼虫，也就是毛毛虫，
再变成蛹，最后……

变成蝴蝶啦！原来
是蝴蝶宝宝！

蝴蝶的卵经常粘在叶子上，形状、颜色都十分美丽，像是一粒粒漂亮的小石子。

大多数昆虫都会产卵，只有少数昆虫直接生出昆虫宝宝。

竹节虫

蜻蜓

瓢虫

蝗虫

螽蟖

黄胡蜂

屎壳郎

熊蜂

25

很多昆虫妈妈产卵之后就会离开，让它们的宝宝独自长大。不过，群居性昆虫，比如蚂蚁和蜜蜂，会耐心地照顾它们的卵。

蚂蚁

蜜蜂

黄蜂产卵后，会亲自照顾幼虫。而蚁后只负责产卵，照顾蚁卵和幼虫的工作就落在了工蚁们的身上。

陶工黄蜂

白蚁

下面这些昆虫虽然不是群居动物，但是也很善于照顾自己的卵。

蠼螋会把它的卵舔干净，
防止被病毒、细菌感染。

蜘蛛不是昆虫，但是它们
也会精心看护自己的卵。

屎壳郎把自己的卵滚成一个粪
球，让幼虫一出生就有食物吃。

蜘蛛的卵

盾椿象妈妈用自己的身体盖
住卵，保护它们不受伤害。

这些昆虫都是通过产卵来繁衍下一代。

草蛉

普通蓝灰蝶

瓢虫

木胡蜂

六星灯蛾

天蛾

丽蝇

蜉蝣

蝗虫

熊蜂

红蛱蝶

蝉

蜻蜓

孔雀蛱蝶

金花金龟

萤火虫

瓢虫的幼虫

独角仙

胡蜂

网蛱蝶幼虫

红木蚁

29

"我是鸭嘴兽，我也会下蛋，但我是哺乳动物！"

会下蛋的哺乳动物，除了鸭嘴兽，还有针鼹。

30

鸭嘴兽的蛋

鸭嘴兽宝宝

至于其他的哺乳动物，它们虽然并不下蛋，
但是全都会产生卵。

　　哺乳动物妈妈的卵会一直在肚子里待着，直到卵发育成熟，成为动物宝宝并出生。可以说，大自然中的所有动物，它们的生命都是从蛋或者卵开始的。

33

动物小时候

张原平 / 译

"我是一匹刚出生的小斑马，我跟妈妈长得很像，但也有些不同。我们是食草动物，平时最爱吃青草。"

斑马宝宝和妈妈的不同：
1. 身高较矮，四肢更短小。
2. 更浓密的皮毛。
3. 更加短、圆的嘴巴和鼻子，方便和妈妈亲近。

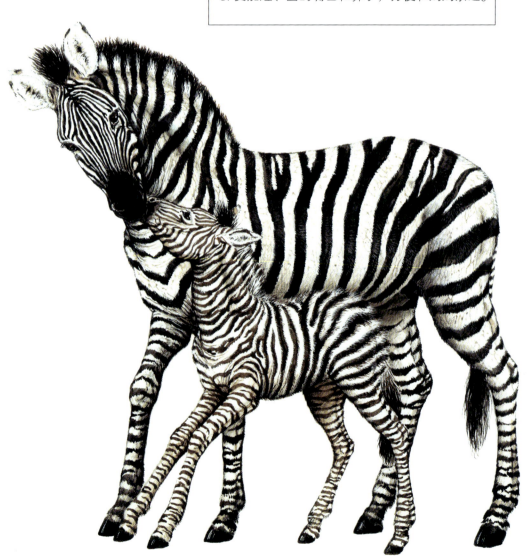

河马

长颈鹿

骆驼

野驴

　　遇到危险的猛兽时，食草动物宝宝必须跟妈妈一起迅速逃跑，因为它们是食肉动物最喜欢的美味。幸好它们都像自己的父母那样结实健壮，善于奔跑。

有的哺乳动物宝宝和父母有一些必不可少的差异。例如，马鹿宝宝和猎豹宝宝身上的颜色和周围环境类似，这样就不容易被天敌发现了。

成年雄性动物通常有一些明显的特征，例如角、长鬣毛或者明亮的颜色。如果动物宝宝也具有这些特征，爸爸可能会把宝宝当成竞争对手来攻击。如果宝宝有尖利的獠牙或犄角，它们可能会不小心伤到自己的妈妈。

那些出生后就在野外生活的哺乳动物宝宝，出生时就已经发育得很好。而大多数哺乳动物宝宝出生在隐蔽的洞穴中，因为弱小的它们毛发没有长齐，眼睛也不能睁开，毫无防卫能力。

穴兔出生在地洞里——非常隐蔽。

野兔出生在草丛里——全无遮挡。

这些动物宝宝的家应该再安全舒适些。

松鼠

老鼠

麝鼠

刺猬

大多数食肉动物的宝宝成天待在安全的洞穴里。

狼

水獭

雪貂

狐狸

獾

猞猁

松貂

"我是一只小熊宝宝，我妈妈的个头可比我大多了。我是在妈妈冬眠时出生的，为了让我健康长大，妈妈将自身脂肪变成香甜的乳汁来喂我。我的妈妈太伟大了！可是，假如我再长大些，妈妈就没法继续养活我了。"

棕熊

白鼬

41

这些是长大一些的哺乳动物宝宝。

42

1.棕熊　　7.豺狼　　13.美洲豹　　19.水獭
2.斑鬣狗　 8.狐狸　　14.野猫　　20.雪貂
3.北极熊　 9.豹　　　15.狮子　　21.獏
4.黑熊　　 10.狼　　16.猎豹　　22.白鼬
5.亚洲胡狼 11.虎　　17.浣熊　　23.黄鼠狼
6.大熊猫　 12.美洲狮 18.狼獾

成年海象的皮肤　　　海象幼崽的皮毛　　　成年海狮的皮肤　　　海狮幼崽的皮毛

成年海豹和宝宝

　　海洋哺乳动物，如海狮、海象和海豹，它们的皮肤下面有一层厚厚的脂肪，能抵御寒冷。而它们的宝宝出生时，身上并没有足够的脂肪，所以都长着一层温暖、浓密的皮毛。

和陆地上的哺乳动物一样，海洋哺乳动物宝宝出生后的生活方式和妈妈差不多，所以和妈妈的模样十分相像。

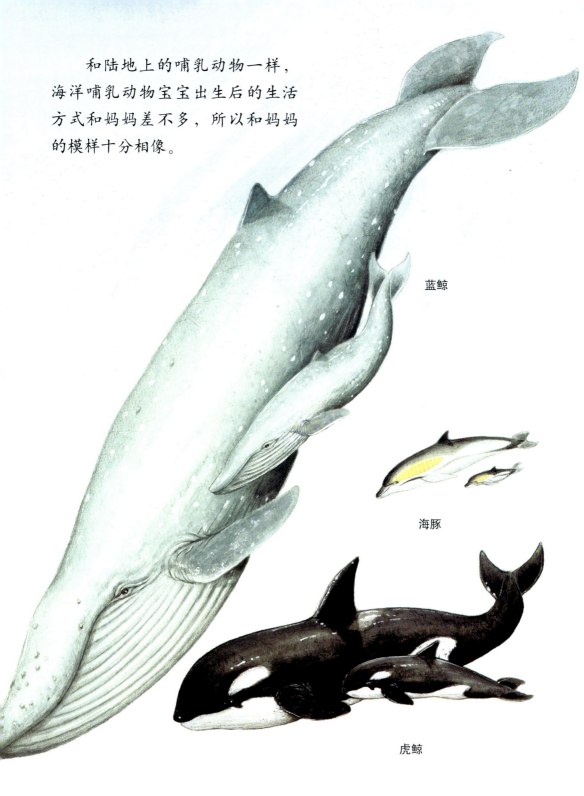

蓝鲸

海豚

虎鲸

"我们是聪明伶俐的猴子，和猿一样，我们是灵长类动物，我们也是和人类最相像的哺乳动物。"

环尾狐猴

婴猴

树熊猴

猿的进化程度比猴子高，不过，小猴子和小猿刚出生时都很柔弱，浑身光秃秃的没有毛。它们的妈妈会照顾它们很久，直到小家伙们长大。

猕猴

蜘蛛猴

松鼠猴

随着小猿和小猴子逐渐长大，模样会越来越像自己的爸爸妈妈。但是，狒狒、山魈和大猩猩的爸爸就跟它们长得明显不一样。

狒狒爸爸有一个长长的、结实的鼻子。

大猩猩爸爸背上的毛是银灰色的。

山魈爸爸爱美，脸上像涂了鲜艳的油彩。

红毛猩猩爸爸的脸颊显得好宽呀。

"我是一只刚出生的小袋鼠，虽然又小又弱，但我能爬进妈妈肚子上的育儿袋里找奶吃。在妈妈温暖的袋子里，我渐渐长大了。"

刚出生的袋鼠宝宝。

努力向妈妈的育儿袋里爬。

爬进袋里后，立刻找到奶头，吮吸香甜的母乳。

长大的袋鼠宝宝不再满足于待在袋子里，再说，妈妈的育儿袋也装不下它了。

48

"我是萌萌的树袋熊，也是在妈妈的育儿袋里长大的。人类叫我们有袋类哺乳动物。我差不多6个月大了。"

"我是鸭嘴兽。我是从妈妈下的蛋里孵出来的，和小鸟们一样。不过，妈妈会喂奶给我吃，所以我也是哺乳动物。"

鸭嘴兽宝宝看起来像一条小虫子。

49

"我是柔弱的鸟宝宝，和妈妈长得一点也不像。因为妈妈下的蛋实在太小了，我没有足够的空间长大，所以我出生时还没有发育好。"

鸟宝宝生下来的时候，身上有一层薄薄的绒毛。它们饿了就会大声地叫，向妈妈要虫子吃。如果它们能经常吃得饱饱的，就会长得很快。

"我是还没学会飞的小长尾山雀，和其他鸟宝宝一样，只能待在家里。慈爱的妈妈非常用心地照顾我，直到我能够离开家，学会自由自在地飞翔。"

这是长尾山雀的窝。

"我是刚刚出生就能离开家四处活动的鸵鸟。我很勇敢吧？有的鸟宝宝也和我一样棒。"

鸵鸟出生时，身上有着柔软、浓密的绒毛，不仅很暖和，而且绒毛的颜色与周围环境很像，这样就不容易被天敌发现。

虽然这些鸟宝宝不那么像它们的父母，但也有明显的物种特征，让人一眼就能分辨出来。

反嘴鹬宝宝长着向上弯曲的喙。

疣鼻天鹅宝宝的脖子也长长的。

大鸨小时候也有和爸爸妈妈一样粗壮的双腿。

爬行动物宝宝很好辨认，因为它们长得几乎和爸爸妈妈完全一样。

爬行动物的爸爸妈妈主张对孩子放手，很少照顾宝宝。所以它们的宝宝一出生就能自食其力，自我保护。

与爬行动物宝宝一样，两栖动物宝宝也是从蛋中孵化出来的。它们长大的过程并不那么容易，需要先变成幼体，然后才能长成爸爸妈妈的模样。

它们的爸爸妈妈在陆地上和水中都能生活，而它们却只能在水下呼吸。生活方式不一样，所以外表也不同。

青蛙幼体

蝌蚪

用来游泳的尾巴

冠欧螈成体

冠欧螈幼体

用来呼吸的鳃

真螈幼体

真螈成体

这些是各种各样的昆虫宝宝，还有长大后的昆虫宝宝。

1. 天牛	4. 锹形虫	7. 象甲
2. 云杉树皮甲虫	5. 埋葬虫	8. 沫蝉
3. 胡蜂	6. 独角仙	9. 蓝丽天牛

快来找找，看还能找出来长大后的昆虫宝宝吗？昆虫幼虫孵化后，在长大的过程中会改变几次形态，这叫作"变态发育"。

10. 蝼蛄	13. 蝗虫	16. 熊蜂	19. 草蛉
11. 鳃金龟	14. 蚁蛉	17. 瓢虫	20. 水甲虫
12. 屎壳郎	15. 步甲	18. 蚜虫	21. 蜻蜓

大多数昆虫宝宝的样子和爸爸妈妈截然不同，但也有些幼虫长得与爸爸妈妈类似，只是少了翅膀。

昆虫变态发育的不同阶段

蜘蛛和蝎子不是昆虫。它们的宝宝和爸爸妈妈长得几乎一样，因为它们生活的环境相同。

22. 豉甲

23. 石蛾

24. 蚊子

25. 金边龙虱

26. 马铃薯甲虫

许多海洋动物也是由幼体逐渐变成的。

大多数鱼的幼体得发生好几次变化，才会长得像妈妈。

当然，也有的海洋动物宝宝一出生就发育得很好，和它们的爸爸妈妈没什么差别，比如海马和鲨鱼。大多数鲨鱼会直接生育小鲨鱼，而不是产卵。

大白鲨

线鳚

猫鲨

海马

这些是海洋动物宝宝，比一比，看看它们长大后都有哪些变化呢？

水母

珊瑚

海葵

藤壶

多腕葵花海星

鱼类、贝类、软体动物的幼体属于浮游生物，长大后才属于各自的物种。浮游生物是很多大型海洋动物爱吃的美食。

蛇尾

有些软体动物，如乌贼和章鱼，宝宝在出生时就完全发育了，和它们的爸爸妈妈长得一样。

螃蟹

寄居蟹

海胆

狗岩螺

为什么不是所有动物宝宝都像自己的爸爸妈妈？这是因为生活环境和成长方式的影响。

大蚊

白钩蛱蝶和毛虫

醋栗尺蛾的毛虫

美国白蛾

草蛉

松鸦

花金龟

猞猁

熊蜂

大自然提供了五花八门的方法，让各种动物宝宝都能生存、长大，并得以孕育自己的下一代。

大山雀

醋栗尺蛾

胎生蜥蜴

红襟粉蝶

鹿

蟹蛛

叶甲

蜗牛

菜粉蝶的毛虫

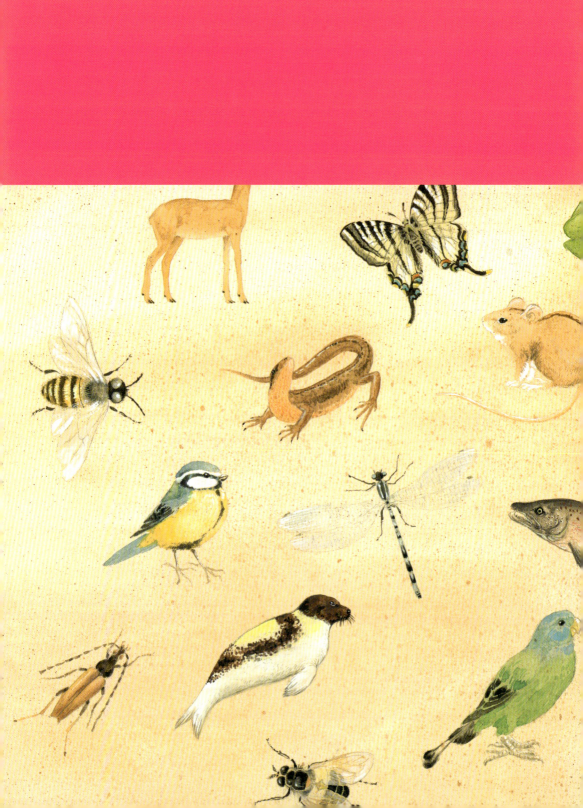

动物的雌雄

陈飞宇 / 译

"我是公鹿，我和母鹿在一起生活。虽然她的头上没有像我一样长着美丽的角，但我还是很喜欢她。以后，我们可能会生几个鹿宝宝。那时，我就是鹿爸爸，她就是鹿妈妈了。"

♂ 雄性
♀ 雌性

雄性马鹿
♂

雌性马鹿
♀

下面这些动物的雄性和雌性要么非常不同，要么十分相似。不过，即使看上去十分相似，也肯定有不同的地方。请你仔细察看、分辨。

折线蛱蝶

文须雀

沙漠石龙子

隆头鱼

獾

龙虱

水螅

雕鸮

高山欧螈

同一类动物，为什么雄性和雌性的长相会不一样呢？

这是因为，动物们只能和同类的异性生育宝宝，所以它们必须能分辨出同类的性别。

许多动物的性别是通过皮毛的颜色、体型的大小和有没有角等特征来辨识的。也有一些动物的性别是通过气味、声音和特殊的行为方式来区分。

"我是一头公老虎，虽然母老虎和我长得很像，但她的体型比我小很多，而且，我只要一闻她身上的味道，就能把她分辨出来了。"

哺乳动物雌性和雄性之间的差异很大，比如狮子和猴子，仅仅从外形或颜色上就能把它们区分开来。

雌性黑美狐猴是土棕色的，雄性黑美狐猴却是黑色的。

雄性狮子有威风凛凛的长鬃毛，雌性狮子却没有。

不过，雄鲸和雌鲸看起来长得一样，因为它们的外形必须适合水中的生存环境。所以，它们是靠听对方发出的声音来辨认雌雄的。

蓝鲸

白鲸

白吻斑纹海豚

江豚

雄性独角鲸的角越长，雌性独角鲸就越可能喜欢它。

象海豹也是依靠听声音来分辨性别。

"我是长着长鼻子的公象海豹，我可以像大象一样发出很大的吼叫声！其他的象海豹听到声音后，就会明白：有一只公象海豹正在附近活动。"

雌性象海豹
♀

雄性象海豹
♂

鹿、羚羊、瞪羚等哺乳动物，会传递出好几种信号，表达同一种情感。

"我是公鹿，如果我喜欢上了某只美丽的母鹿，就会一边向她炫耀我硕大的角，一边热情地鸣叫着，表达我对她的爱。"

"母鹿看到我头上长着角，就知道我是公鹿了。我还可以用鹿角吓走其他公鹿。万一我们争斗起来，鹿角还可以当武器。"

雄鹿有时也会四处散播浓重的气味，以此吸引雌鹿。

然而，过了交配期，雄鹿的角就会自动脱落。这时，它和雌鹿看起来就没有什么不同了。

1. 春天

2. 春末

5. 秋天和冬天

4. 夏末

3. 夏天

有袋类哺乳动物的雄性和雌性之间有着非常奇特的区别。

树袋熊

在妈妈育儿袋中的小袋鼠。

有袋类哺乳动物宝宝在妈妈肚子前的育儿袋里长大。而爸爸们没有长育儿袋，也就不用随身携带宝宝。

黄足岩袋鼠

袋熊

袋獾

欧洲鸟类

欧亚鸲
♀

灰头绿啄木鸟
♀

鹊鸭
♀

82

地球上其他地方的鸟类也是如此，主要的性别差异在于外观。

看，下面这些雄鸟的羽毛比雌鸟的羽毛更加鲜艳美丽。

1.长尾山椒鸟 3.朱红霸鹟 5.红尾鸲
2.金翅娇鹟 4.乌鸫 6.领簇舌巨嘴鸟

7.小长尾鸠   9.肉垂钟伞鸟   11.雪鸦

8.秀丽伞鸟   10.红胁绿鹦鹉   12.帝王花蜜鸟

13.黑腹军舰鸟

14.圭亚那伞鸟

孔雀
♂

♀ 孔雀

雄鸟一般拥有漂亮的羽毛，它们的羽毛那闪亮的
色彩、美丽的纹路能吸引雌鸟前来相会。

所有雄流苏鹬长得都不一样。

雉类
♂

流苏鹬
♂

♀ 雉类

流苏鹬 ♀

"我是衣着朴素的鸟妈妈，因为宝宝主要由我来照顾，为了安全起见，我必须隐藏好自己，不能像鸟爸爸那样长着光鲜亮丽的羽毛。"

蜂鸟

鸟爸爸很少独自抚养鸟宝宝。要是它们也抚养宝宝，它们的羽毛就不会比鸟妈妈的漂亮多少了。

红颈瓣蹼鹬

如果鸟妈妈和鸟爸爸长得一样，那也没关系，一定有其他的方法可以把它们分辨出来。比如，雄帝企鹅就比雌帝企鹅的站姿更挺拔，有时，它们还会通过声音来辨认对方。

帝企鹅

爬行动物的性别也很好分辨，雌性和雄性的外表、颜色、大小、气味都有可能不一样。

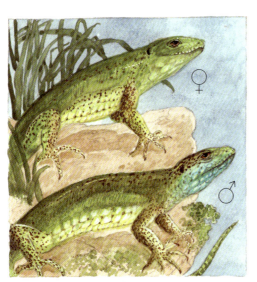

绿蜥

极北蝰

蠵龟

美国短吻鳄

雄性两栖动物表达爱的方式很奇特。

雄性黑斑蝾螈会向雌性展示它的头冠和明艳的色彩。

雄性青蛙或蟾蜍的咽喉处有一个超级大的气囊。它"呱呱呱"地大声叫着，向雌性青蛙或蟾蜍表达爱。

鱼儿识别颜色的能力很强。雄鱼在繁衍期为了向雌鱼表达爱意，身上的颜色会变得丰富多彩，甚至鱼鳍的形状也会变得极为美丽。这些都能引起雌鱼的注意。

泰国斗鱼

虹鳟

剑尾鱼

米诺鱼

三刺鱼

昆虫主要是靠颜色和气味来识别雌雄。雄性昆虫通常有色彩鲜明的标志，还有比雌性昆虫更大的附肢，例如触角。

鳃金龟

松黄叶蜂

郭公虫

锹甲

螺螋

天牛

叶蝉

如果它们的外表一模一样，它们就通过气味来识别雌雄。

有些种类的雄性昆虫有翅膀，雌性昆虫没有。而雌性昆虫从来都不飞，所以它们不需要翅膀。

蜻蛉

食蚜蝇

雄性蚁蜂会到处飞，主动寻找雌性。雌性蚁蜂没有翅膀。

雌性萤火虫在晚上闪闪发亮，好让雄性萤火虫找到它们。

有的雌性昆虫长着可以产卵的特殊附属器官。

雄性蝗虫用动听的"歌声"来吸引雌性蝗虫。

97

"我是相貌普通的蝴蝶妈妈，要负责产卵，以繁衍后代。为了避免被捕食者发现，我的外表不能像蝴蝶爸爸那样引人注目。"

♂

红襟粉蝶

"我是雌性飞蛾，我散发的气味能飘得很远很远，雄性飞蛾用极其敏感的触角'闻'到后，会立即赶来找我。"

♀

♂

天蚕蛾

♀

群居昆虫有着自己独特的生活方式。雄性昆虫和雌性昆虫在大家庭中的任务分工是不一样的。

蜜蜂

蜂后的任务是产卵。　　雄蜂的唯一任务是让蜂后受孕。　　雌性工蜂负责筑巢、储运食物、抚养宝宝等所有工作。

蚂蚁

蚁后　　　雄蚁　　　工蚁

孔雀缨鳃蚕

海蛞蝓

栉水母

海洋中有许多低级动物。有些
低级生物本身既是雄性也是雌性，
它们中的大部分不用和异性一起繁
衍后代。

细指海葵

海蛇尾

海星

100

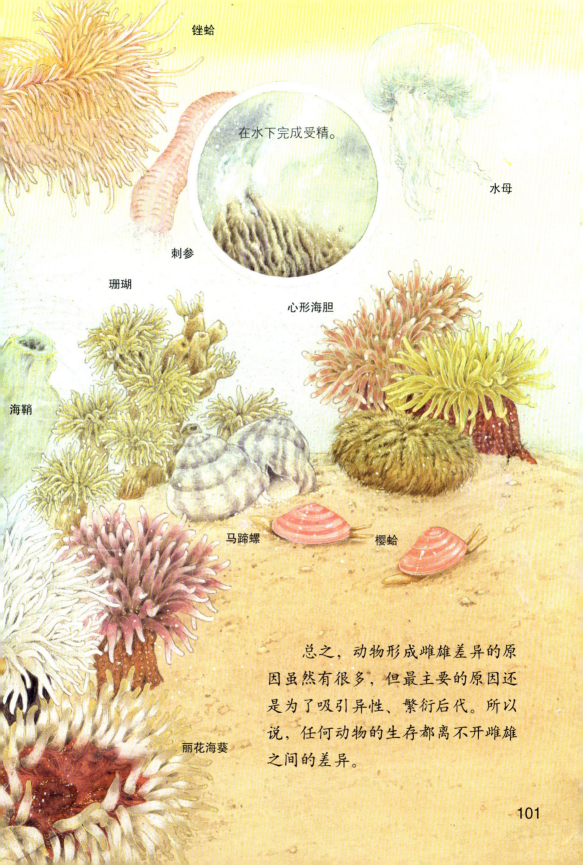

锉蛤

水母

在水下完成受精。

刺参

珊瑚

心形海胆

海鞘

马蹄螺

樱蛤

丽花海葵

　　总之，动物形成雌雄差异的原因虽然有很多，但最主要的原因还是为了吸引异性、繁衍后代。所以说，任何动物的生存都离不开雌雄之间的差异。

101

动物的尾巴攻略

陈飞宇 / 译

很久很久以前，有些动物的样子和现在并不相同。在适应外部生存环境的漫长过程中，它们的样子发生了改变。这些动物的后代，有的脖子变长了，有的鼻子变长了，还有的脚变大了。

黄弯嘴犀鸟

豹

长颈鹿

非洲象

绿曼巴蛇

蓝胸佛法僧

蝴蝶

跳羚

长颈羚

象鼩

非洲岩蟒

这些鸟儿不同寻常的嘴，就是它们为了能从周围的环境中获取足够的食物而逐渐形成的。

锡嘴鸟

敲开植物的种子

家燕

捕捉小昆虫

苍鹰

撕碎猎物的肉

杓鹬

把小虫子从湿湿的泥土里拽出来

针尾鸭

滤掉水

105

在几千万年前，马的外形和特征跟我们今天看到的马真是大不相同。

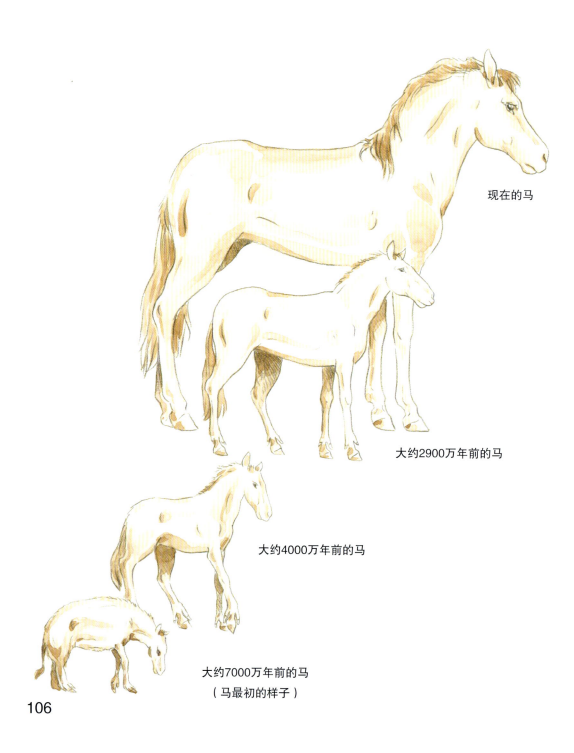

现在的马

大约2900万年前的马

大约4000万年前的马

大约7000万年前的马
（马最初的样子）

狗的祖先很可能是狼，尽管现在的狗不那么像狼，但仍有一些和狼相似的特征。

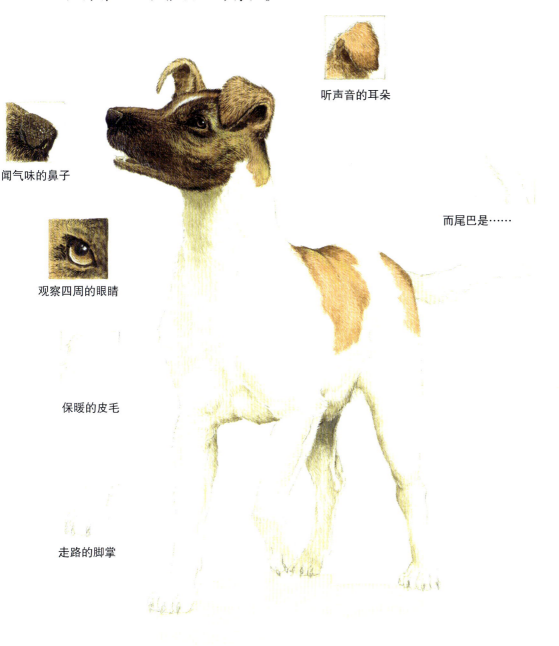

听声音的耳朵

闻气味的鼻子

观察四周的眼睛

而尾巴是⋯⋯

保暖的皮毛

走路的脚掌

那么，狗为什么会长尾巴？

下面这些动物，它们又为什么要长尾巴？

菱背响尾蛇

斑袋貂

小丑鱼

青山雀

火蝾螈

叉角羚

美洲豹

琴鸟

斑点鲬

它们的尾巴到底有什么用呢？

儒艮

纹颊企鹅

环尾狐猴

绿啄木鸟

高山欧螈

长颈鹿

钝尾毒蜥

刺龙虾

大青鲨

狗、狼，以及许多其他动物，都可以用尾巴和同伴交流。

难道想打架吗？

我才是大王！

我听你的。

我不感兴趣。

我就是要待在这儿。

我好高兴呀！

动物尾巴上的条纹等特殊标记，也是动物交流的一种方式。这些标记能帮助动物辨认自己的同类。

环尾狐猴

麝猫

小熊猫

浣熊

长鼻浣熊

有些动物用尾巴发出警报。

白尾鹿

"猎人来了，赶快顺着我尾巴指示的方向逃跑！"

美洲狮

河狸

噼啪！噼啪！
"不好，一只狮子靠过来了！我赶快用尾巴使劲拍打水，提醒小伙伴们躲起来。"

响尾蛇

啪！啪！
"遇到敌人，我就甩起鞭子似的尾巴吓退它们。"

113

咦？这些是谁的尾巴？

竟然能将自己的身体拴在树枝上！可真了不起！

这些动物能用尾巴帮自己移动更灵活，坐得更稳当。

有许多动物住在树上。它们中的一些能用尾巴缠绕东西，当然也就能毫不费力地用尾巴把自己的身体挂在树枝上！

1.蜘蛛猴   4.指猴   7.金狮面狨
2.绿树蟒   5.绒猴   8.疣猴
3.绿色安乐蜥   6.穿山甲   9.树袋鼠

一些动物的尾巴还可以帮助它们保持身体平衡，让它们可以稳稳地坐在细枝上，或在树枝间跳来跳去。

19.日行守宫　　　　22.野猫
20.翠绿树蚺　　　　23.南美绵毛负鼠
21.变色龙

哇！这些鸟儿的尾巴可真华丽！它们正展示着自己美丽的尾巴，希望吸引异性的注意。

十二线极乐鸟

丽色掩鼻风鸟

萨克森极乐鸟

王极乐鸟

大极乐鸟

不过，鸟儿的尾巴还有更重要的用途。在鸟儿飞行时，尾巴可以当刹车器和方向盘；在树枝上停留休息的时候，又能变成平衡器，帮助保持身体平稳。

蓝喉歌鸲

鼯鼠能在树林里飞行，因为它的尾巴也能当方向盘。

鼯鼠在两棵树之间跳跃时，用尾巴控制飞行的方向。

蜜袋鼯

松貂

红松鼠

猎豹

这些跑步健将、跳跃高手，多亏了
有能掌控方向、保持平衡的尾巴。

狐狸

褶伞蜥

这些动物使用尾巴的方式真是特别——
让它们的身体像人一样保持直立。

绿啄木鸟

灰袋鼠

狐獴

帝企鹅

总是游来游去的海洋动物更是
离不开强壮的尾巴。

1.鲸鲨　　6.鳄鱼　　11.龙虾　　16.独角鲸　　21.康吉鳗
2.领航鱼　7.海鬣蜥　12.挪威海螯虾　17.皇带鱼　22.鲭鱼
3.大白鲨　8.海獭　　13.月鱼　　18.剑鱼　　23.雀鲷
4.弓背首鱼　9.海蛇　14.小鲷　　19.刺河豚
5.蓝鳍金枪鱼　10.海牛　15.抹香鲸　20.刺龙虾

鱼类　　　　鲸类　　　　虾类　　　　爬行类　　　　哺乳类

海洋哺乳动物的尾巴可能是最了不起的尾巴！

它们的尾巴威力无穷，有很多不同的作用。

海豚和飞鱼的尾巴有助于跳跃。

南露脊鲸用尾巴保护自己。

虎鲸的尾巴能让它们游得非常快。

尾巴还有许多用途，比如帮助动物摆脱害虫和天敌。

马、牛、长颈鹿和狮子都有自带的"苍蝇拍"。

天冷的时候，红松鼠把自己的尾巴当毯子盖。

穿山甲用尾巴卷成坚硬的盾牌，以赶走敌人。

一些爬行动物的尾巴甚至能救命。

捕食者上当了！它以为咬住了北叶尾壁虎的头，而实际上那只是壁虎的尾巴。

捕食者又上当了！它确实咬到了盲缺肢蜥的尾巴，但尾巴自动断开，盲缺肢蜥早就趁机逃跑了。

鬣蜥的尾巴是斗争的武器，它用尾巴猛烈地抽打捕食者。

光滑珠尾虎找不到东西吃时，就吃自己尾巴里储存的脂肪。

有些其他动物也会把脂肪储存在身体里，但不全是储存在尾巴里。

双峰驼和单峰驼会把脂肪储存在驼峰里。

河狸、脂尾袋鼬和大鼠狐猴把脂肪储存在尾巴里。

地球上所有的动物中，负鼠可能是最善于利用自己的尾巴的。

北美负鼠

那么，世界上所有的动物都有尾巴吗?

当然不是。水豚就没有尾巴。尽管尾巴的用处非常大，没有尾巴的动物却也活得很好，因为它们根本不需要尾巴。

水豚

这些动物都没有尾巴，看，它们不是也过得快快活活的吗？

1.大猩猩

2.红毛猩猩

3.树袋熊

4.黑猩猩

5.蜂猴

6.蚊子

7.刺豚鼠

8.海胆

9.豚鼠

10.蹄兔

11.扇贝

12.海星

13.白颊长臂猿

14.蓝闪蝶

15.君主斑蝶

16.草蜢

17.吉丁虫

18.褐几维鸟

19.捕鸟蛛

20.水豚

21.锄足蟾

22.树蛙